Thailands kobror

Omslagsfoto: Jonathan Hagström

Förord

Denna bok är sprungen ur mitt genuina intresse för ormar och min förtjusning i Thailand och dess natur.

Stort tack till alla som hjälpt mig att få boken från idé till färdig produkt.

Tack Jonathan Hagström, Andy Maci och Ton Smits - HerpingThailand.com för att jag fick använda era bilder! Även tack till er som laddat upp bilder, fria att använda, på nätet! Samtliga fotografer är omnämnda under respektive bild.

Tack Jonathan Hagström och Claes Granfeldt för korrekturläsning.

Utan en förstående familj hade denna lilla bok säkerligen inte kommit till, tack Jenny, Ludwig och Jacob! Jag lägger alldeles för stor tid på herpetologin, men ni låter mig.

Till sist, ett stort tack till dig som väljer att läsa min bok! Jag hoppas att du finner ämnet lika intressant som jag gör!

/Rickard

Rickard Ljunggren

THAILANDS KOBROR

Impressum

Illustration: Jonathan Hagström, Andy Maci, Ton Smits - HerpingThailand.com, Pixabay, Wikipedia
Korrekturläsning: Jonathan Hagström, Claes Granfeldt

Förlag: BoD – Books on Demand, Stockholm, Sverige
Tryck: BoD – Books on Demand, Norderstedt, Tyskland

ISBN: 978-91-8007-758-3

Innehållsförteckning

1. Inledning

Kobran.

Lika ikonisk som skallerormen. Alla vet hur en kobra ser ut när den reser sig och spänner ut halsen till en sköld, alla har hört ljudet från en skallerorms skallra. I en äventyrsfilm som utspelar sig i Afrika eller Asien måste hjälten möta en kobra, det är lika viktigt som det är för en cowboy att stöta på en skallerorm.

Men det är inte bara i filmens värld som kobran är mytomspunnen. I Asien har hinduer och buddhister en speciell vördnad för kobran. Hinduer tror på ormens odödlighet på grund av dess hudbyte, det ses som en pånyttfödelse när ormen ömsar skinn. En orm som biter sig i svansen och bildar en cirkel är den hinduiska symbolen för evigheten. Vishnu är en gud som tillbeds för att hålla ordning i världen och balans i livet. När han avbildas har han ofta sju heliga kobror ovanför huvudet. Den sjuhövdade kobrakungen Muchalinda avbildas inte sällan tillsammans med den mediterande Buddha, likt ett skyddande parasoll mot onda krafter.

Exemplen är många, än idag är kobran mytomspunnen och tillskrivs egenskaper i Asien. Att dricka kobrablod ska både bättra på hälsan och utseendet. Vissa tror även att det är potenshöjande. För många turister är det ett mandomsprov att dricka kobrablod, äta kobra och t om att äta ett ännu slående hjärta från en kobra. Detta ska du naturligtvis inte göra, det är inte direkt en vacker hantering ormen får utstå för att du som turist ska ha något spännande att berätta när du kommer hem.

Vissa thailändare kallar kungskobror för "änglaormar" och tror att de är manifestationer av övernaturliga varelser. De tillskriver kungskobran magiska egenskaper, inklusive förmågan att framträda och försvinna efter behag och att förvandlas till människa. De tror också att ormarna är lyckobringare som kan ge människor rikedom och god hälsa. Enligt thailändsk folktro ska du låta en kungskobra vara i fred om du ser en i djungeln eller i din trädgård. Naturligtvis en bra idé, men här handlar det inte om att hjälpa dig att undvika ormbett. Många thailändare tror att en kungskobra är en form av skogsgud eller ande. Om du skadar ormen kan skogens gudinna göra dig sjuk tills du äntligen dör av något som läkare inte kan hjälpa dig med.

Ser du en orm när du reser i Asien, bör inte din första gissning vara att det är en kobra om det inte skulle råka vara så att den rest sig och sköldar. I Thailand som exempel finns ungefär 200 ormarter, varav fyra arter är kobror. Det är även så att vissa av de andra arterna är mycket vanligare än kobror och vissa arter mindre skygga än de fyra kobrorna är. Många som turistar i Thailand har sällan sett en orm och antagligen aldrig en kobra. I alla fall om man räknar bort ormshowerna som tyvärr fortsatt lockar en del publik. Var medveten om att varje kobrashow i Thailand fångar eller köper dussintals av dessa fantastiska ormar, naturen skövlas. Många av ormarna dör efter ett tag i fångenskap. Ibland säljs de istället när de börjar bli i dåligt skick, för att hamna på restauranger någonstans i Thailand eller Kina.

Det är inte ovanligt att lokalbefolkning kan skrika kobra vid möte med orm, i princip varje gång de ser en orm av någon sort. Detta bottnar i både rädsla och okunskap. Rädslan bottnar i myter och framförallt det faktum att ett kobrabett ofta får förödande följder. Thailand har bra sjukvård, men ibland är ett sjukhus långt iväg och det kan vara bråttom att få hjälp efter ett kobrabett. Tyvärr försöker en del thailändare fortfarande bota bett med hjälp av örter, ingefära och liknande. Detta hjälper inte i de fall medicinskt vårdbehov finns, det finns ingen växtmedicin som hjälper mot ormgift.

Rätt många ormar får sätta livet till, då man i många länder slår ihjäl en giftorm när man ser den. Eftersom man inte alltid har kunskap om vad det är för orm man ser, dödas många helt ofarliga ormar också. I boken har jag gett den orientaliska råttsnoken lite utrymme. Den är för det otränade ögat lite lik en kobra eller kungskobra, och får därför rätt ofta sätta livet till vid möte med lokalbefolkning. Det har tyvärr resulterat i att de inte är lika vanliga längre. Jag har bara sett arten vid ett tillfälle, ett fullvuxet exemplar som nyligen blivit fångat av en familj på den kambodjanska landsbygden för att bli mat. Man kan tycka vad man vill om att äta ormar och i synnerhet lite ovanligare arter, men detta var nog en familj som inte hade lyxen att låta bli att äta ormen som de fångat.

De flesta som bor i ett land är rätt okunniga om inhemska reptiler, oavsett vilket land i världen vi väljer att peka på. Du kan inte lita på att någon är kunnig på ormar, enbart baserat på att denne bor i landet du befinner dig i. Vi är ungefär 10 miljoner invånare som bor i Sverige, de flesta av oss kan inte särskilja våra svenska ormar och då har vi ändå bara tre att välja på. I Thailand finns ungefär 200 arter, varav mindre än en tredjedel räknas som giftiga och en knapp sjättedel kan vara farliga för människan. Ta för givet att de flesta som bor i i Thailand saknar det intresse och den kunskap som behövs för att med säkerhet kunna artbestämma många av dessa 200 ormarter. En seglivad myt är att man kan se på pupillen om en orm är giftig eller ej. En kattögonliknande och smal pupill ska betyda att ormen är giftig, en rund pupill att den inte är giftig. Palmhuggormar har smala pupiller, kobror har runda pupiller. Bägge släkten av ormar får anses ha ett starkt gift.

Jag har pratat med många thailandsresenärer som stolt berättat att de sett en kobra på sin semesterresa. Min ovetenskapliga gissning är att få av dessa faktiskt sett just en kobra. Ibland har jag fått se bilder på kobran och ofta har då besvikelsen blivit stor när den livsfarliga ormen visat sig vara en bandad kukri eller något annat som är ofarligt för oss människor.

Det blir ju en bättre semesterhistoria om det verkligen var en livsfarlig orm man mötte!

Attityden mot ormar och framförallt giftormar börjar bli bättre. Medvetenheten om hur vårt ekosystem hänger ihop ökar och vården blir bättre och bättre i många länder. Vi hade nog haft en svältkatastrof i flera länder om inte ormarna hjälpte till att hålla gnagarbeståndet nere på risfält och andra odlingar. I kobrans fall är det även så att andra ormar, inklusive giftormar, ingår i dieten.

Det blir vanligare och vanligare att man fångar och flyttar den giftorm man fått besök av. Detta ska man inte göra utan kunskap och utrustning, det är rimligt att ta hjälp av lokal expertis. Att flytta en orm kan, om man flyttar den utanför sitt nuvarande levnadsområde, drastiskt minska dess chanser att överleva. Chansen för överlevnad är ändå hög om man ska jämföra med en skyffel i huvudet som ibland är det enda alternativ till flytt som finns.

Jag skulle tro att ormar fortfarande toppar listan på hatade djur, på platsen ovanför spindlar, råttor och kackerlackor. Det kan vi kanske aldrig ändra på och i många länder är det bra att ha lite lagom försiktighet och respekt. Däremot är det bra med en attitydförändring till att man bara dödar de få ormar man verkligen måste döda. I Indien och en del andra länder dör fortfarande många av ormbett. Lösningen är enligt mig en fungerande vård till alla, kunskap om hur man ska agera vid möte med orm och hur man ska förebygga för att minska risken för besök av orm på tomt och i hem. Lösningen är inte att döda den orm du ser just nu, det är t om så att du ökar risken för att bli biten medan du försöker döda ormen.

Ett möte i naturen med en kobra är för de flesta av oss ett minne för livet! Håll avstånd och tänk på att flera av kobrorna även kan spotta gift. Två av arterna är bra på att spotta, den tredje kan någorlunda och kungskobran kan inte det. Kobror är väldigt snabba i rörelse, men de kommer inte att anfalla eller jaga dig. Om något så vill de fly, sen kan kanske flykten ske i riktning mot dig. Kobrorna har ingen nytta av att bita, skada eller döda dig. Bett på människor sker bara i självförsvar, när vi har råkat komma alldeles för nära och ormen inte ser någon annan utväg för att freda sig. Detta gäller naturligtvis inte bara kobror, det gäller andra ormar också. Ormar vill fly eller gömma sig vid möte med människan, för ormen kan inte något gott komma ur mötet. Vissa arter kan försöka hota dig när flykt eller att gömma sig inte känns som ett alternativ. Kobran sköldar, skallerormen skallrar, vår svenska huggorm väser och vissa arter kan t om morra. De kan också börja göra utfall, men det är inte alltid de ens öppnar munnen. Ormens gift finns i begränsad kvantitet, om ormen inte måste så slösar den ogärna på sitt gift eftersom du inte är ett bytesdjur.

Till sist, kom ihåg att även en död kobra kan bitas! Ett känt exempel är från 2014, när en kock i Kina dog av ett bett från ett kobrahuvud som han själv högg av 20 minuter tidigare. Kocken hade precis tillrett ormens kropp och huvudet skulle bara slängas i soptunnan när olyckan var framme. Gäster på restaurangen vittnade om att de hörde skrik komma från köket och sjukvårdare kallades till platsen. Tyvärr dog mannen innan man hann ge honom serum. Gå aldrig fram till döda ormar! Bitreflexen kan finnas kvar en stund efter att ormen dött. Dessutom är det så att flera ormarter i världen kan spela döda som en taktik att undvika att själva falla offer för rovdjur. Vår svenska snok kan spela död, så även kobror.

En orm kan leva upp till en timme med huvudet separerat från kroppen. Reptiler har väldigt långsam ämnesomsättning och deras celler klarar sig med mycket lite syre. Av just denna anledning är det extremt djurplågeri att hugga av huvudet på en orm. De gånger man måste avliva en orm, om den är sjuk, skadad eller du inte ser någon annan utväg för att själv klara dig ur situationen, bör man mosa huvudet på ormen för att den ska dö direkt. Man ska dock undvika att försöka avliva ormar. Dels för att de faktiskt gör nytta i naturen och har samma existensberättigande som andra djur, dels för att det inte är helt ovanligt att människor blir bitna när de försöker döda ormar. Det bästa mötet med orm du kan ha är det möte som varken du eller ormen tar skada av!

Foto: Pixabay

I sydostasiatisk folktro är Phaya Naga ormliknande varelser som tros bo i Mekongfloden eller dess mynningar. Statyer av dessa är inte ovanliga att se utanför buddhistiska tempel.

2. Kobror

	Vetenskapligt namn	Populärnamn
Familj	Elapidae	Giftsnokar
Släkte	Naja	(Äkta) kobror

Kobran är en lika välkänd symbol för Asiens natur som tigern. Många förknippar kobran med denna världsdel, trots att det finns fler arter av kobra i Afrika. Totalt kallas drygt ett tjugotal olika ormarter som finns i Afrika och Asien för kobra, av dessa finns fyra arter i Thailand. Ordet "cobra" härstammar från det portugisiska ordet för "orm" som i sin tur tagit ordet från det latinska "colubra" som har samma betydelse. Man räknar ordets ursprung till 1670-talet och portugisiska kolonier i Indien.

Kobrorna utgör inte en egen grupp i den biologiska systematiken men alla kobror tillhör familjen giftsnokar. Samtliga får räknas som väldigt giftiga och oavsett art så har ett bett kraftigt negativ inverkan på människors hälsa. Kobrorna har till stor del olika nervgifter som förlamar livsviktiga organ som lungor och hjärta, men det finns även arter som har mera utpräglade vävnadsförstörande gifter.

Naja är ett släkte av giftiga ormar som kallas kobror, ofta "äkta kobror". Ordet "naja" är en latiniserad version av "naia" som betyder orm på sanskrit. Medlemmar av släktet Naja är de mest utbredda kobrorna, men andra arter som också kallas kobror förekommer i både Afrika och Asien. Av Thailands fyra arter av kobra ingår tre i släktet naja, kungskobran gör inte det. Kungskobran tillhör också familjen giftsnokar som omfattar ca 200 arter, men den skiljer sig så pass mycket ifrån övriga arter i familjen att den placeras i det egna släktet Ophiophagus.

De asiatiska kobrorna kan nå en längd på ungefär 180 cm, med undantag för kungskobran som i extrema fall blir en bit över fem meter lång! Längden på kungskobror överdrivs ofta i berättelser och nyheter. Dels är det svårt att mäta en giftorm som är kapabel att döda dig, dels gör nog människors rädsla att ormen man känner sig hotad av känns både större och längre. Vi har samma fenomen hemma i Sverige, när folk har sett väldigt stora huggormar. Jag har flera gånger hamnat i evighetsdiskussioner när jag försökt förklara hur små våra svenska huggormar egentligen är.

Foto: Andy Maci
Monokelkobra från provinsen Suphan Buri. Monokelkobror från denna provins är kända för att rätt ofta sakna det för arten typiska märket i nacken och för att vara väldigt ljusa. Dessa ljusa monokelkobror är populära inom terrariehobbyn.
På bilden ovan ser du en monokelkobra med nylagda ägg. Samtliga kobror i Thailand är äggläggande. Kungskobran ruvar sina ägg, vilket är ovanligt bland ormar.

Mest känd, eller ökänd för den delen, borde den indiska kobran vara. Den indiska kobran (Naja naja), även känd som glasögonorm, är en art av släktet Naja som finns i Indien och grannländerna. Där ingår arten i något som ibland kallas "the big four", fyra arter som står bakom flest ormbett med allvarliga konsekvenser i Indien. Indien har stora problem med giftormsbett, det är ett land med en enorm befolkning och med stora klasskillnader. Många bor nära naturen och har ofta en lägre boendestandard och små möjligheter att söka kvalificerad vård. Ungefär 50 000 dödsfall per år i Indien är tyvärr en siffra som ofta nämns. I Thailand är det långt färre som dör av ormbett, man nämner ofta siffror i tiotal per år. Jämförelsen haltar naturligtvis något med tanke på antalet invånare per land, men mätt i procent av befolkningsmängden är skillnaden avsevärd. Kobrabitna turister är väldigt ovanligt. Många resenärer rör sig mestadels i miljöer som lockar till sig andra turister, men inte skygga kobror. Bett från giftormar i Thailand kommer oftare från olika arter av huggormar (främst palmhuggormar och så kallade malayan pit vipers) än från giftsnokar. Huggormarnas bett är mera sällan dödliga och Thailand har hög standard på sjukvården. Monokelkobran brukar räknas som den art i Thailand som står bakom flest bett med dödlig utgång.

På nästa sida ser du ryggen på en indisk kobra, Naja naja. Det välkända mönstret som ofta liknas vid ett par glasögon hittar du ibland på spottkobror i Thailand. Ibland kan det vara någorlunda tydligt, men det syns ofta rätt vagt och ibland saknas det helt.

Foto: Pixabay, indisk kobra (förekommer inte i Thailand)

Kobror är skygga djur som gärna undviker människokontakt, ändå står de bakom många allvarliga bett och dödsfall över hela Asien. Ormars gift är modifierat saliv som tillverkas av speciella körtlar vanligtvis belägna på sidorna av huvudet, under och bakom ögonen. I körtlarna bildas och lagras ormgift innan det blir överfört via gångar till en hålighet i en tand för att sedan användas vid behov. Ormgift är en kombination av många olika proteiner och enzymer. Många av dessa proteiner är harmlösa för människor medan andra är livsfarliga toxiner. Alla arter i släktet Naja kan leverera ett dödligt bett och det kan kungskobran också. De flesta arter har ett starkt neurotoxiskt gift, som attackerar nervsystemet och orsakar förlamning, men många kobrors gift har också cytotoxiska egenskaper som orsakar svullnad och nekros och har en signifikant antikoagulant effekt.

Tekniskt sett är ormgifter inte egentliga gifter (eng. poison) utan venom. Vi skiljer inte på detta i det svenska språket, men man gör det i engelskan. Det är dock väldigt vanligt att man på engelska använder det felaktiga poison och så använder många thailändare också engelskan.

Enkelt förklarat är skillnaden att:

Poison = Du blir sjuk av att bita i det som är giftigt. (Du biter i en flugsvamp)

Venom = Du blir sjuk av att det som är giftigt biter dig. (En kobra biter dig och sprutar in gift i blodet)

Kobrors gifttänder är inte direkt långa i förhållande till ormens storlek. Huggormar (i Thailand förekommer främst palmhuggormar av olika slag) har rätt långa gifttänder som fälls fram som små stiletter när de ska användas för att sedan fällas tillbaka igen. Kobrors tänder är fixerade och måste därför vara kortare för att inte ständigt vara i vägen.

Flera Naja-arter räknas som spottkobror och har en specialiserad giftleveransmekanism i vilken deras främre huggtänder istället för att mata ut giftet nedåt genom en långsträckt utmatningsöppning (liknande en kanyl), matar ut giftet framåt, ut ur munnen. Monokelkobran är inte en spottkobra, men spottar ändå i sällsynta fall. Inte lika skickligt eller långt som de andra två arterna av Naja som finns i Thailand, men man bör vara medveten om att det kan hända. Även om det kallas "spotta" är det mera som att spottkobror sprutar ut gift ur de bägge gifttänderna. Räckvidden och noggrannheten med vilken de kan spruta sitt gift varierar från art till art och det används främst som en försvarsmekanism. Giftet har liten eller ingen effekt på obruten hud, men om det kommer in i ögonen kan det orsaka en allvarlig brännande känsla och tillfällig eller till och med permanent blindhet om ögonen inte tvättas omedelbart och ordentligt.

När en kobra blir skrämd eller uppretad reser den framkroppen och breder ut halsen till en sköld. Kobran gör sin sköld genom att dra ihop de övre förlängda revbenens muskler. Revbenen fälls då ut likt ett paraply och ormens skinn spänns ut över skölden som bildats strax nedanför huvudet. Ofta väser kobran också när den intagit denna position, kungskobran kan t om morra!

Kobrans första försvar är alltid flykt, ofta drar de sig undan långt innan människan är medveten om att det finns en orm i närheten. Först när flykt inte är ett alternativ går den över till sitt välkända sätt att hota. De reser sig, breder ut sin sköld och börjar väsa. De kan även börja göra skenutfall, med stängd mun. De arter som räknas som spottkobror kan börja spruta gift, men det är inte helt ovanligt att ormen sparar på sitt gift. Hot räcker ofta långt för att få en människa att hålla avstånd och därefter kan kobran förhoppningsvis ge sig av. Är du artig och backar en bit hjälper du ormen att våga övergå till att vända ryggen till och ge sig av. Det kan dock vara en idé att se till att du fortsatt ser varthän ormen blir av. Ibland kan kobran behöva hjälp att hitta tillbaka till naturen. Detta arbete ska du alltid överlåta till någon med kunskap och erfarenhet som kan göra det på ett för ormen lämpligt sätt och för människan säkert sätt.

En kobra har inget behov av att bita en människa, förutom i självförsvar. Ingen kobra kommer att jaga dig, du kommer aldrig att räknas som ett jaktbyte. Ett giftbett på en människa är i grund och botten slöseri med det gift som egentligen ska användas på bytesdjur eller rovdjur som attackerar. Så länge man ser sig för, håller avstånd och inte har oturen att överraska en kobra och råka komma för nära brukar dessa ormar inte utgöra ett hot för människan. Städad utemiljö kring boendet och ordning på sophanteringen hjälper till för att undvika besök, men det är ingen garanti. Trots kobrans skygghet påträffas dessa rätt ofta i närheten av mänsklig bebyggelse och odlade områden. Människor, jordbruk och det sopberg vi producerar drar till sig gnagare och andra bytesdjur, som i sin tur drar till sig kobror. Människan odlar upp och bebygger dessutom nya områden av naturen hela tiden, vi naggar konstant på djurens levnadsområde.

Kobror har rätt få naturliga fiender. Möte med hundar slutar ofta inte väl för den ena av kombattanterna, ibland är utgången dödlig för både hund och orm. Borträknat hundar är det mestadels mungon och andra ormar som ger sig på kobror. Största hotet är naturligtvis vi. Vi skövlar och förgiftar naturen, efter oss lämnar vi ett sopberg. I vissa regioner av Asien används kobran i stor utsträckning i matlagning. Detta har lett till problem med råttor och andra skadedjur. Tyvärr bidrar även västerlänningar som söker äventyr och något att berätta på sociala medier, man har gjort något spännande om man har ätit kobra.

Kobror används även i traditionell medicin, bland annat för att tillverka potenshöjande medel som naturligtvis saknar verklig effekt.

3. Monokelkobra

	Vetenskapligt namn	Populärnamn
Familj	Elapidae	Giftsnokar
Släkte	Naja	(Äkta) Kobra
Art	Naja kaouthia	Monokelkobra

Monokelkobran förekommer i stora delar av Sydostasien och i nordöstra Indien. Arten räknas som livskraftig (LC, förkortning av engelskans "least concern") även om den lokalt kan jagas hårt för framställning av traditionell medicin eller för köttets skull. Livskraftig är en term som används vid bedömning av arters bevarandestatus, det vill säga hur hotade de är. Till kategorin livskraftig räknas arter som inte står inför större hot inom en nära framtid.

Denna art kan anpassa sig till en rad olika livsmiljöer, från naturliga till av människan starkt påverkade miljöer. De föredrar livsmiljöer associerade med vatten, såsom risfält, träsk och mangroveskog, men kan också hittas i gräsmarker, buskmarker och skogar. Arten förekommer också i jordbruksmark och vid mänskliga bosättningar inklusive städer. Interaktioner med människor förekommer trots att det är väldigt skygga djur, oftare under parningssäsong.

Arten är marklevande och mestadels skymningsaktiv. I risodlingar gömmer de sig i gnagares bohål i vallarna mellan åkrar och i skogen använder de både hålor gjorda av andra djur och ihåliga trädstammar. Monokelkobrans favoritsätt att försvara sig är att fly eller gömma sig, därför ser människan denna orm rätt sällan.

Monokelkobran känns lättast igen när den sköldar och man kan se den runda ringen på ryggen. Ringen syns rätt bra även när ormen inte reser sig, men är naturligtvis synligast när kobran har rest sig upp och spänt ut sin sköld. Utseendet på denna ring på ryggen kan variera mycket, individer ser olika ut och det skiljer även ibland från region till region. I vissa regioner är mönstret väldigt tydligt, men det kan även vara så att det är nästan obefintligt eller helt saknas hos vissa individer eller i vissa populationer. Vissa monokelkobror har inte en ring utan det är mer som en enfärgad cirkel på ryggen eller något som liknar ett tvärsgående sträck.

Foto: Andy Maci
En monokelkobra med en för arten typisk teckning, starkt markerad.

Foto: Andy Maci

Monokelkobra, albino

I fångenskap är det rätt populärt att ha albinoormar, i vilt tillstånd är det inte vanligt att det förekommer. Gissningsvis är det svårare att överleva om du är så här pass synlig i naturen.

Foto: Andy Maci

Foto: Andy Maci

Bilder föregående sida:
Överst
Monokelkobra med teckning på ryggen, men det liknar inte direkt den typiska cirkeln.
Nederst
Monokelkobra med för arten väldigt tydlig och typisk teckning och märke på skölden.
Ett vant öga kan se skillnad på en monokelkobra och en spottkobra med hjälp av sköldens form. Monokelkobran har en sköld med rakare sidor, likt en kungskobra.
Det är inte enkelt att se skillnad på de olika kobrorna i de fall de inte har det för arten typiska utseendet. Gör det enkelt för dig, ta för givet att den kobra du ser kan spotta ett par meter och bete dig därefter.

Ryggen (ovansidan) på en monokelkobra kan vara nästan vit, gul, brun, grå eller svartaktig och vara med eller utan tvärband eller spräckligt mönster.
Skölden kan vara i samma färg som resten av ryggen, men även ha en avvikande färg och vara orange, olivfärgad, brunaktig eller svart. Skölden kan på ryggen ha en o-formad eller streckliknande markering, men även vara helt enfärgad.
På magen har monokelkobran en svart fläck på båda sidor av skölden och en eller två svarta tvärstänger nedanför. Resten av magen har vanligtvis samma färg som ryggen, men blekare.
Det är inte ovanligt att monokelkobror blir blekare ju äldre de blir. Vuxna monokelkobror blir oftast någonstans mellan 130 och 150cm långa, men exemplar som passerat två meter har hittats.
Monokelkobran föredrar att äta små gnagare, andra däggdjur och kanske en fågel ibland. Men de äter också fisk, ödlor, grodor, ägg och ibland även orm. Kannibalism förekommer, som hos många andra arter.

Parningssäsongen är ofta sent på året, med start i oktober-november. Efter ungefär 60 dagar lägger honan ägg någon gång under perioden januari till mars. Antalet ägg varierar, kullar på strax över 30 ägg förekommer.

Gifttänderna sitter fast på monokelkobran, precis som på de andra kobrorna. De är inte så långa i förhållande till ormens storlek om man jämför med huggormar som fäller fram sina huggtänder som ett par stiletter. Som mest är de ca 6 mm långa. Monokelkobran är egentligen inte en spottkobra, men kan spotta till viss del. Det är inte lika vanligt som hos de utpräglade spottkobrorna och den spottar inte med samma pricksäkerhet och inte i närheten lika långt. Monokelkobrans förmåga att spotta varierar mellan olika regioner av Thailand. Det är mycket vanligare att de spottar i norra Thailand och de är dessutom bättre på det. Längst i söder är det väldigt ovanligt att monokelkobran spottar. Evolutionen är fantastisk!

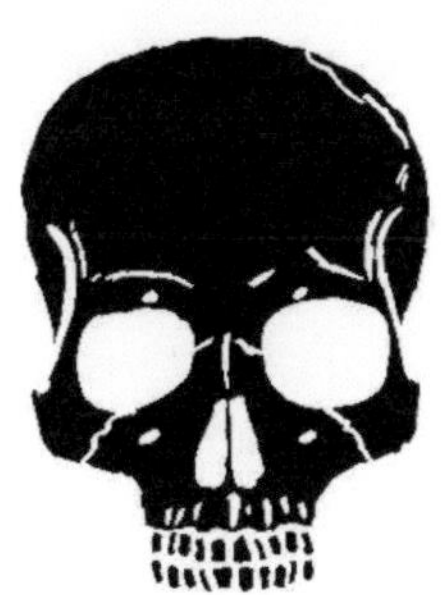

Arten har ett mycket kraftfullt gift och utan medicinsk behandling kan ett bett vara dödligt. De är ansvariga för många dödsfall i sitt naturliga utbredningsområde eftersom de ofta finns nära människor som arbetar på fälten och nära deras boende. I Thailand är de ansvariga för de flesta dödsfallen av giftiga ormbett.

4. Indokinesisk spottkobra

	Vetenskapligt namn	Populärnamn
Familj	Elapidae	Giftsnokar
Släkte	Naja	(Äkta) Kobra
Art	Naja siamensis	Indokinesisk spottkobra

Denna kobra finns i Thailand, ner till Prachuap Khirikhan ungefär, och i Kambodja, Vietnam och Laos. Man tror att den kan finnas i södra Myanmar (Burma) eftersom arten är rätt vanlig i Hua Hin, Huay Yang och trakterna däromkring. Arten räknas som sårbar (VU, förkortning av engelskans ”vulnerable”). En art tillhör kategorin "sårbar" om den inte uppfyller något av kriterierna för vare sig "akut hotad" eller "starkt hotad", men löper stor risk att dö ut i vilt tillstånd i ett medellångt tidsperspektiv.

Denna art kan anpassa sig till en rad olika livsmiljöer, från naturliga till av människan starkt påverkade miljöer. Denna spottkobra hittas i gräsmarker, buskmarker och skog och djungel. Arten förekommer också i jordbruksmark och vid mänskliga bosättningar inklusive städer. Precis som i fallet med monokelkobran så drar människans bosättningar till sig gnagare som i sin tur kan dra till sig kobror. Interaktioner med människor förekommer trots att det är väldigt skygga djur, oftare under parningssäsong.

Arten är marklevande och mestadels nattaktiv, vanligast är att man stöter på arten tidigt på morgonen eller sent på kvällen. Precis som andra kobror spenderar denna art rätt mycket tid gömd i håligheter. Stöter du på en indokinesisk spottkobra dagtid är det vanligt att ormen flyr och gömmer sig. Nattetid är risken större att ormen stannar och reser sig för att hota.

Räcker det inte att hota kan ormen börja spotta. Som en sista utväg gör kobran utfall och försöker bita. Överlag kan man dock räkna med att även denna art undviker kontakt med människor, oavsett tid på dygnet.

Den indokinesiska spottkobran är något slankare än monokelkobran. Arten känns lättast igen som en kobra när den sköldar och man kan se den typiska skölden. Den har ingen ring på ryggen som monokelkobran ofta har. Gör det lätt för dig och håll avstånd som om ormen kan spotta om du inte är säker på vilken art du ser. Hos en hel del indokinesiska spottkobror kan man ana samma markering som den indiska kobran har, den markering som gett den indiska släktingen namnet "glasögonorm". Markeringen är ofta rätt vag.

Foto: Jonathan Hagström

Foto: Jonathan Hagström

De två prickarna på skölden har jag hört människor se som bekräftelse på att det är en spottkobra, men monokelkobran har också dessa.

Kroppsfärgen hos denna art varierar från grå till brun till svart, ibland med ljusare eller vita fläckar eller ränder. Den ljusa mönstringen kan vara så riklig att hela ormen är spräcklig, men den indokinesiska spottkobran kan även vara rätt enfärgad. Den mycket distinkta svartvita varianten är vanlig i centrala Thailand, exemplar från västra Thailand är mestadels svarta, medan individer från andra håll vanligtvis är bruna. Markeringen på skölden kan vara likadan som hos den indiska glasögonormen, fast inte lika väl synlig. Markeringen kan även vara lite oregelbunden eller saknas helt. Den indokinesiska spottkobran blir inte riktigt lika stor som monokelkobran, vanligtvis strax över eller strax under metern. Enstaka exemplar blir kring en och en halv meter, men detta får räknas som extremt.

Den indokinesiska spottkobran föredrar att äta små gnagare, amfibier och ibland även orm. Kannibalism förekommer, som hos många andra arter. Parningssäsongen är ofta i början av året, under torrperioden. Efter ungefär 60 dagar lägger honan ägg. Antalet ägg varierar, kullar på upp till 20 ägg förekommer.

Gifttänderna sitter fast även på denna kobra. De är inte så långa i förhållande till ormens storlek, som mest är de ca 6 mm långa. Gifttänderna är utformade för att kunna spotta gift, samma gift som de biter med. Denna kobra är skicklig på att spotta gift, överraskande långt och pricksäkert. Giftet varar till att spotta rätt många gånger, fler än man kan tro.

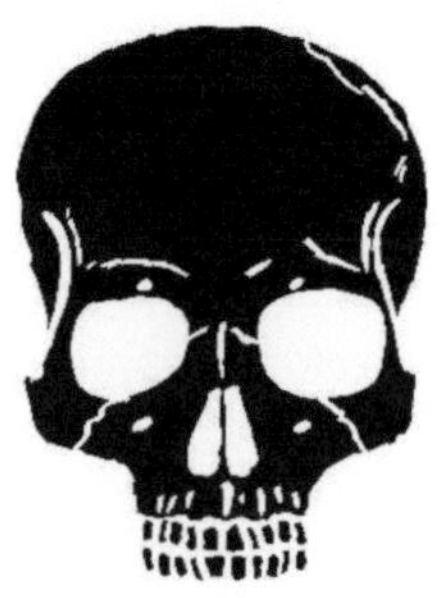

Arten har ett mycket kraftfullt gift och utan medicinsk behandling kan ett bett vara dödligt. Man brukar räkna monokelkobran som ännu giftigare, men differensen är rätt ointressant om du blir biten. Det är en skicklig spottare som kan vara överraskande snabb att spotta och otroligt pricksäker!
De spottar oftast mot ögonen, giftet måste omedelbart sköljas ur ögonen, i annat fall kan du få permanenta synskador. Gift på hud och kläder gör ingen skada, men spott som hamnar i sår och liknande har samma effekt som ett giftormsbett.
Att andas in avdunstande gift är inte helt nyttigt för dig. Får du gift på hud och kläder, bör detta sköljas bort.
Enkelt brukar man säga att afrikanska spottkobror spottar ungefär som två fina strålar, de asiatiska spottar mera som en exploderande dusch.

5. Sumatrakobra

	Vetenskapligt namn	Populärnamn
Familj	Elapidae	Giftsnokar
Släkte	Naja	(Äkta) Kobra
Art	Naja sumatrana	Sumatrakobra

Sumatrakobran hittar du i de sydostasiatiska länderna kring ekvatorn, därav det engelska populärnamnet "Equatorial spitting cobra". Det svenska namnet hänvisar till den stora indonesiska ön Sumatra, som ligger söder och väster om Malaysia. Förutom i de södra delarna av Thailand förekommer denna art i Malaysia, Singapore, Brunei, Filippinerna och Indonesien.

Arten räknas som livskraftig (LC, förkortning av engelskans "least concern") även om den lokalt kan jagas hårt för framställning av traditionell medicin eller för köttets skull. Livskraftig är en term som används vid bedömning av arters bevarandestatus, man bedömer hur pass hotad arten är. Till kategorin livskraftig räknas arter som inte står inför större hot inom en nära framtid.
Även denna kobra kan anpassa sig till en rad olika livsmiljöer. Vanligast är att de förekommer i tropiska skogar eller tät djungel, men man kan stöta på sumatrakobran i trädgårdar, parker och stadsmiljö. Arten är marklevande och mestadels nattaktiv, vanligast är att man stöter på arten tidigt på morgonen eller sent på kvällen. Precis som andra kobror spenderar denna art mycket tid i naturliga gömslen.

Som hos de andra arterna av kobra är det vanligaste sättet att försvara sig att fly eller gömma sig, därför ser människor rätt sällan kobror.
Stöter du på en sumatrakobra dagtid är det vanligt att ormen flyr och gömmer sig om du ger den möjlighet till detta. Nattetid är risken större att ormen stannar och reser sig för att hota. Interaktioner med människor förekommer trots att det är väldigt skygga djur, oftare under parningssäsong då ormarna är mera i rörelse i jakt på någon att para sig med.

Arten känns lättast igen som en kobra när den sköldar och man kan se den typiska skölden. Den har ingen ring på ryggen som monokelkobran har, men det finns monokelkobror som också saknar denna ring. Sumatrakobran saknar även de glasögon som den indiska kobran har och som man ibland kan ana hos den indokinesiska spottkobran. Det förekommer att sumatrakobran har visst mönster på kroppen, men ingen monokel och inga glasögon på skölden.
Jag upplever att skölden på sumatrakobran är något rakare och mera långsmal än sköldarna hos monokelkobran eller hos den indokinesiska spottkobran. Skölden är mera lik den hos kungskobran. Hos en hel del sumatrakobror kan man se de två prickarna på sköldens "framsida" som även de bägge andra två kobrorna kan ha. (Se bild på sid. 30)
Precis som de andra sydostasiatiska kobrorna har denna art rätt stora näsborrar. Näsborrarna på en orm ser ut som ett hål på vardera sida av huvudet, framför ögonen. Sumatrakobran blir inte riktigt lika stor som monokelkobran, vanligtvis strax över eller strax under metern. Längre exemplar förekommer, men det får räknas som rätt ovanligt. Sumatrakobran är något grövre än den indokinesiska spottkobran.
Precis som sina nära släktingar är sumatrakobran en giftsnok med förkärlek för att äta små gnagare, men alla ormar är i varierande utsträckning opportunister. Man äter det man

kommer över, inom rimliga gränser. Förutom gnagare äter kobrorna andra små däggdjur, fågel, fisk, ödlor, grodor, ägg och även andra ormar.
Parningen sker under torrperioden, i början av året. Efter ungefär 60 dagar lägger honan sina ägg. Antalet ägg varierar, vanligtvis lägger hon 10–20 st.

Foto: Nick Baker, via Wikipedia commons
https://creativecommons.org/licenses/by/3.0/deed.en

På engelska har arten flera populärnamn förutom "Equatorial spitting cobra". Sumatrakobran kallas även "Black spitting cobra", "Malayan spitting cobra", "Golden spitting cobra", och "Sumatran spitting cobra" som ju också används i det svenska populärnamnet.
Denna djungel av populärnamn gör att herpetologer och ormintresserade föredrar att använda arternas vetenskapliga namn, då det är samma oavsett vem man pratar med eller var man läser om reptiler.
Ett exempel på förvirring som annars kan råda är det engelska populärnamnet "Copperhead snake", som används om arter av giftorm i både Australien och USA.

Populärnamnen "Black spitting cobra" och "Golden spitting cobra" som detta kapitels orm har fått, hänvisar till artens utseende. Färgerna skiljer sig från population till population. Vissa är helt svarta och vissa ser nästan gyllene ut.
I Thailand räknas de gyllene exemplaren som vanligare än de svarta. Förhållandet är det omvända från Malaysia och söderut.
På föregående sida ser du en svart sumatrakobra som sköldar för att få fotografen att hålla rimligt avstånd.
Se bild på nästa sida, på vad jag räknar som en av världen vackraste ormar. En sumatrakobra från en gyllene population.

Gifttänderna hos denna art ser likadana ut som hos den indokinesiska spottkobran. De är inte så långa, max ca 6 mm. De sitter fast och går inte att fälla fram och tillbaka som hos huggormar. Gifttänderna är utformade för att kunna spotta gift, samma gift som de biter med. De är skickliga på att spotta gift, överraskande långt och pricksäkert. Giftet varar till att spotta rätt många gånger, fler än man kan tro.

Foto: Ton Smits - HerpingThailand.com

En gyllene sumatrakobra. Naturen är fantastisk!

Denna text blir en upprepning på texten från förra kapitlet. Arten har ett mycket kraftfullt gift och utan medicinsk behandling kan ett bett vara dödligt. Monokelkobran är något giftigare, men differensen är ointressant om du blir biten. Det är en skicklig spottare som kan vara överraskande snabb att spotta och otroligt pricksäker!
De spottar oftast mot ögonen, giftet måste omedelbart sköljas ur ögonen, i annat fall kan du få permanenta synskador. Gift på hud och kläder gör ingen skada, men spott som hamnar i sår och liknande har samma effekt som ett giftormsbett.
Att andas in avdunstande gift är inte helt nyttigt för dig. Får du gift på hud och kläder, bör detta sköljas bort.
De asiatiska kobrorna spottar som en exploderande dusch. Duschen kommer verkligen överraskande fort!

6. Kungskobra

	Vetenskapligt namn	Populärnamn
Familj	Elapidae	Giftsnokar
Släkte	Ophiophagus	*Saknas*
Art	Ophiophagus hannah	Kungskobra

Kungskobran! Många räknar denna art som kungen bland ormar! Kungskobran är utom tävlan världens längsta giftorm och i sanning en majestät när den rest sig och sköldar för att be omvärlden att hålla tillräckligt avstånd.

Kungskobran förekommer i stora delar av Sydostasien. Utbredningsområdet sträcker sig från Nepal och södra Kina ner till Filippinerna och Indonesien, västerut till Indiens västra sida. Tyvärr är den inte direkt vanlig någonstans, arten räknas som sårbar (VU, förkortning av engelskans ”vulnerable”). Sårbar är en term som används vid bedömning av arters bevarandestatus, det vill säga hur hotade de är. Till kategorin sårbar räknas arter som inte uppfyller något av kriterierna för vare sig "akut hotad" eller "starkt hotad", men löper stor risk att dö ut i vilt tillstånd i ett medellångt tidsperspektiv.
Människans skövlande och förstörande av naturen, handeln med kungskobrans skinn, jakt för mat och naturmedicin och handel med viltfångade djur har ställt till det för kungskobran. Tyvärr är det även så att varenda ormshow i hela Asien ska ha en kungskobra som avslutningsnummer…
I kommande kapitel skriver jag mer om dessa shower som du naturligtvis inte ska gå och titta på. Att resa är fantastiskt på många vis, avkoppling och äventyr i kombination. Låt inte turistländernas vilda djur betala priset, turista djurvänligt.

Som ni ser på släktnamnet är det inte en äkta kobra, kungskobran tillhör ett eget släkte där den hittills är ensam art. Släktnamnet Ophiophagus betyder "ormätare" och artnamnet hannah kommer från namnet på trädboende nymfer i grekisk mytologi (för den trädlevande livsstilen). Kort och gott en trädlevande ormätare, en bra sammanfattning.

Ny forskning (Splitterny när jag skriver denna text om kungskobror i september 2021) har dessutom påvisat att det antagligen handlar om flera olika arter.
-"Vi analyserade kungskobrans DNA från artens hela utbredningsområde och upptäckte att kungskobran inte var en enda art utan bestod av fyra olika släktlinjer som väntar på att formellt beskrivas som arter", säger Gowri Shankar, kungskobrakonservator och huvudförfattare till studien.
Studien kommer, enligt Gowri Shankar, att hjälpa till att bedöma vilka arter av kungskobra som behöver omedelbar uppmärksamhet och vilka bevarandeåtgärder som krävs.
Det har länge varit känt att det är rätt stora skillnader på giftet mellan de olika delarna av utbredningsområdet. Kanske kan Gowris forskning i slutändan både hjälpa till med bevarandet av dessa ormar och med framtagning av effektivare serum? För mig som har ett rätt stort intresse för Asiens ormar ska det bli spännande att följa utvecklingen av denna forskning!

Foto: Pixabay

Kungskobra i närbild. Som ni ser kan man inte lita på den gamla myten att runda pupiller betyder att ormen inte är giftig. Kungskobran lär ha bra syn för att vara en orm, det påstås att de kan se så långt som 100 meter.

Kungskobran är antagligen den orm i Thailand som både älskas och fruktas mest. Majestätisk i sin storlek och med ett starkt gift, kungskobran löper alltid risk att bli ihjälslagen vid kontakt med människor. Som tur är, för alla inblandade, är det en väldigt skygg art som helst undviker kontakt med oss människor. Närmar vi oss ringlar ormen oftast iväg innan vi upptäckt den. De flesta ormar väljer att lämna platsen eller lita på sitt kamouflage om vi människor närmar oss. För kobrorna är det oftast så att de lämnar platsen. Går inte detta gör de istället vad de kan för att genom hot få oss att backa.

Kobrornas sätt att hota är att resa sig och spänna ut halsen till en sköld samt att väsa, kungskobran kan även ha ett morrande läte! På Youtube hittar du videos med detta fenomen.

Att bita människor är för ormar alltid en sista utväg, då vi inte är ett byte och giftet gör bäst nytta om det används till att döda byten med. Bett sker om vi råkat överraska ormen och redan kommit alldeles för nära, eller om vi inte låter ormen vara i fred. Det är inte helt ovanligt att människor som slår ihjäl ormar råkar få ett bett i retur.
Honor som ruvar på ägg försvarar dessa aggressivt, då det inte är ett alternativ att lämna platsen. Att ormar ruvar på sina ägg är rätt ovanligt. Förutom kungskobran känner jag till några arter av pytonorm som också gör det. Det vanliga bland alla äggläggande ormar i världen är att äggen läggs på lämplig plats och att "mamman" sedan lämnar platsen för gott.

Kungskobran är mestadels dagaktiv och kan hittas i flera olika livsmiljöer. Arten trivs i tät skog nära vatten och öppna gräsmarker, men kan även leva i bergigare miljöer. Bambusnår verkar föredras, även vid äggläggning. De lever sällan nära människor, men rör sig ibland över stora områden.

En vuxen kungskobra känns lättast igen på sin storlek. Ingen annan kobra är i närheten av kungskobrans längd eller tjocklek. I Thailand är det bara ett par arter av pytonorm (Nätpyton och burmesisk pyton.) som blir lika stora som kungskobran. Dessa två arter av pyton blir t om större och är inte direkt lika en kobra till utseendet. Den orientaliska råttsnoken blir också rätt stor och har ungefär samma färgsättning som kungskobran. Denna art är inte giftig, men dödas ofta av människor som förväxlat den med kungskobran. Det är även vanligt att folk tar fel på kungskobran och mindre kobror, är man rädd för ormar upplevs ofta ormar man mött som större. Vi har samma fenomen i Sverige, när folk berättar om huggormar som varit över en meter långa och snokar på två meter.

Kungskobrans sköld är mera långsmal och rak än andra kobrors. Ryggsidan på skölden har aldrig den markering som du kan se på en monokelkobra.
En vuxen kungskobra kan beskrivas som gråaktig, brun eller nästan olivgrön. Visst mönster förekommer i varierande grad, ljusa tvärgående ränder. På magen har kungskobran ofta en mörk fläck på båda sidor av skölden och mörka tvärgående ränder nedanför. Resten av magen är vanligtvis ljusare än ryggen, de tvärgående ränderna på magen har samma färg som ryggen har mellan dess ränder.

Hanar är i regel ljusare än honor, särskilt under parningssäsongen. Hanarna blir även något längre och tyngre än honor, vilket inte är helt vanligt i ormvärlden. Rapporter om kungskobror på drygt 5,5 meter förekommer, men man bör räkna en kungskobra på 3–4 meter som fullvuxen och väldigt stor. Den genomsnittliga livslängden för en kungskobra i det vilda är ca 20 år och precis som andra ormar växer de hela livet. Riktigt stora kungskobror i naturen har blivit mera ovanligt, människan har en livsavkortande påverkan på de kungskobror man stöter på. Samma fenomen har vi hos nätpytonormar, världens längsta ormart. Det blir mera och mera ovanligt med riktigt stora exemplar i det fria.
Kungskobran kan resa en tredjedel av sin kropp från marken vilket innebär att den i vissa fall blir högre än en människa.

Kungskobrans diet består främst av andra ormar, gärna råttsnokar. En favoritart lär vara kycklingsnoken. Kycklingsnoken (Gonyosoma oxycephalum) är också trädlevande, helt ogiftig och dess storlek på ibland över två meter erbjuder en rejäl måltid. Kungskobran är opportunistisk, precis som alla andra ormarter, man äter det man kommer över i ormväg. Kungskobran räds inte för att ge sig på andra giftormar eller stora pytonormar, kannibalism kan även förekomma. Förutom ormar äter kungskobran varaner, ödlor och ibland t om fåglar och gnagare. Det händer att kungskobran kramar ihjäl sina byten, men det är ovanligt.

Parning sker ofta väldigt tidigt på året, redan i januari. Precis som hos andra ormarter förekommer det att två hanar slåss om en hona. Kampen görs inte med tänder och gift, det är en styrkedemonstration och går ut på att trycka ner sin kombattant till marken. Det har däremot förekommit att hanar bitit ihjäl en redan parad hona, kanske för att egen avkomma inte ska behöva konkurrera med andra kullars ungar.
Efter ungefär 60 dagar lägger honan ägg. Antalet ägg varierar, kullar på över 40 ägg förekommer. Kungskobran är den enda art i världen som bygger bo med torra löv och kvistar. Boet kan vara upptill en halv meter högt och nästan en och en halv meter i basen. Boet byggs ofta intill ett träd, i tät skog. Honan ruvar sedan äggen i varierande grad, ibland hela vägen fram till kläckning. Hanarna deltar aldrig i bygge av bo eller ruvande av ägg.
En nykläckt kungskobra är nästan svart, med tydliga ljusa tvärgående ränder och ljus mage. Precis som hos de äkta kobrorna kan kungskobran skölda från första dagen.
Kungskobran är ca 50 cm när den kläcks, bara någon decimeter kortare än en fullvuxen huggorm hemma i Sverige. Giftet hos en nyfödd kungskobra är detsamma som hos en vuxen, fast naturligtvis i mindre mängd. Med få undantag är det så hos alla arter av giftorm.

Foto: Jonathan Hagström
Ung kungskobra i typisk mörk färg, som bleknar tidigt i ormens liv.

Foto: Jonathan Hagström
Kungskobra som sköldar.

Foto: Jonathan Hagström.
Ryggskölden på en kungskobra

Gifttänderna sitter fast på kungskobran, precis som de gör hos de äkta kobrorna. Längden på tänderna kan vara upp till 8-10 mm. Längre än andra kobrors tänder, men det är ju en större orm. Jämför man med tropiska huggormar har även kungskobran små gifttänder i förhållande till sin storlek. Kungskobran kan inte spotta gift.

Arten har ett mycket kraftfullt gift och utan medicinsk behandling kan ett bett vara dödligt. Kungskobran har ett potent neurotoxiskt gift och döden kan inträffa efter så kort tid som 30 minuter efter ett bett. Andra kobror har många gånger ett starkare gift, men en stor kungskobra kan leverera en extremt stor dos. Det är inte bara styrkan i giftet som avgör hur farligt ett bett är, mängden gift har stor betydelse. En fullvuxen kungskobra kan i ett bett leverera upp till 7ml gift, tillräckligt för att döda en fullvuxen elefant.

De flesta som bitits av kungskobror är ormtjusare som visar upp ormar för turister. Sjukhusregister i Thailand indikerar att bett från kungskobror är mycket ovanligt. Kungskobran är skygg och samtidigt väldigt intelligent för att vara en orm. Möte med människor slutar sällan väl för ormen, den undviker oss om den kan.

7. Orientalisk råttsnok

	Vetenskapligt namn	Populärnamn
Familj	Colubridae	Snokar
Släkte	Ptyas	*Saknas*
Art	Ptyas mucosa	Orientalisk råttsnok

Den orientaliska råttsnoken är inte en kobra och inte heller en giftig orm. Den har ändå fått lite utrymme i boken då dessa råttsnokar ofta far illa vid möte med människor för att de så ofta förväxlas med kobror och då främst kungskobror.

Den orientaliska råttsnoken förekommer i Sydostasien och vidare bort i Indien, Pakistan, Afghanistan och Iran. I Thailand är arten vanligare i de norra delarna än i de södra.
Den orientaliska råttsnoken är snabb i rörelse, precis som många andra råttsnokar. Den kan även vara väldigt defensiv om den känner sig hotad, vilket man även kan säga om många andra asiatiska råttsnokar. Kommer man för nära kan man bli biten. Ett bett gör ont, men är helt ofarligt.

Det är en väldigt stor råttsnok, som i enstaka fall kan bli över 3,5 meter lång. Deras färg varierar från ljusbrun i torra områden till nästan svart i fuktiga skogsområden. Kroppen har ungefär samma tvärgående ränder som kungskobran, men råttsnoken är slankare. Den orientaliska råttsnoken är ofta mörkast från huvudet och bakåt och ljusare längst bak vid svansen. Jag tycker att det ser ut som att ormen gör en gradvis växling från att vara rätt mörk med ljusa ränder, till rätt ljus med mörka ränder.

Dessa råttsnokar är dagaktiva och delvis trädlevande. De lever i skogsmiljö, våtmarker, risfält, jordbruksmark, förortsområden och i mindre byar. Till människans bebyggelse och stadsområden lockas den av de gnagare som människans bosättningar lockar till sig.
Den orientaliska råttsnoken lever på små reptiler, amfibier, fåglar och däggdjur. Vuxna exemplar av arten kan ibland välja att kväva byten genom att "sitta" på dessa, vilket är ett ovanligt beteende hos ormar. Det brukliga är att råttsnokar (och pytonormar etc.) som inte är giftiga kramar ihjäl sina byten.

För många är den förvillande lik en kungskobra, även för thailändarna själva. Vuxna exemplar av denna art avger ett morrande ljud och blåser upp sina halsar när de blir hotade. Det är inte omöjligt att den orientaliska råttsnoken gör detta för att imitera kungskobran.
Flera andra arter av råttsnokar blåser också upp sig när de känner sig hotade. Det skiljer sig från kobrans sköld på så sätt att råttsnokarnas hals blir högre, inte bredare, när de blåser upp sig.
Likheten slår ofta tillbaka vid möte med människor, det ofarliga djuret misstas för en giftig orm och dödas. Vi kan se denna likhet som ett utmärkt exempel på att det inte finns enkla sätt att generellt avgöra om en orm är farlig eller ej. För att avgöra detta måste man veta vilken art man har framför sig. Denna kunskap har få thailändare och ännu färre turister. Håll avstånd om du stöter på en orm, lita inte alltid på lokalbefolkningens expertis.
Parning sker sent på våren eller tidigt på sommaren. När två hanar strider om en hona flätas deras kroppar ihop under styrketestet. Många tar fel på detta och tror att det är en parningsdans man ser. Efter lyckad parning dröjer det ungefär två månader innan honan lägger ägg, ofta 6-15st.

Foto: Vaishak Kallore, via Wikipedia commons
https://creativecommons.org/licenses/by/3.0/deed.en

Släktnamnet Ptyas härstammar från det forntida grekiska πτυάς, som betyder "spottare". Namnet hänvisade till ett slags orm som man trodde spottade gift i ögonen på människor. Ingen av arterna som ingår i släktet Ptyas är giftiga, ingen spottar ens vanligt saliv. Den orientaliska råttsnoken kan bita rejält när den försvarar sig, men arten är helt ogiftig.

8. Ormshower i Thailand

Att resa är underbart, oavsett om du söker avkoppling eller vill upptäcka världen. Fler och fler blir medvetna om att vi med vår turism och vår västerländska köpkraft har stor påverkan på turistindustrin och miljön, särskilt på populära turistorter.
Som djurvänlig turist ställer du krav och påverkar turistbranschens syn på djur. Det du säger och gör kan få effekt för djuren, hur du spenderar semesterkassan kan få väldigt stor effekt för djuren. Utbudet av varor och tjänster på ett resmål styrs av efterfrågan och som turist bör du använda din konsumentmakt till att göra skillnad.
Det kan du göra genom att:
Inte köpa souvenirer som är gjorda av djurdelar.
Undvika underhållning och transporter som använder sig av djur.
Undvik upplägg där du får kramas, hålla i eller fotograferas med ett djur.
Undvika djurparker eller liknande med undermålig djurhållning.

Ibland är det kanske svårt att avgöra vad som är bra eller dåligt, särskilt om man kanske inte råkar ha ett större intresse för djur och natur. Gör det enkelt för dig, är du osäker på om det är okej eller inte, välj att avstå. Hade det verkligen varit okej hade du säkert inte tvivlat.
Ibland kan det säkert vara svårt att avstå. Det är en "once in a lifetime", det känns väldigt spännande med farliga djur eller gulligt med söta tigerungar och en elefant som kan måla en tavla. Välj ändå att avstå. Ditt semesterminne på 45 minuter och dina häftiga semesterbilder sker på djurens bekostnad. Både på de djurs bekostnad som ingick i underhållningen och på de djurs bekostnad som kommer att ingå i underhållningen i framtiden när dagens djur är förbrukade.

Alla är vi medvetna om debatten kring Europas cirkusar och djuren som farit illa där tidigare. Alla förfasas vi när vi ser reklam för djurrättsorganisationer på tv som visar klipp på björnar i alldeles för små burar eller djur som pryglas för att brytas ner och bli användbara till underhållning.
En del glömmer tyvärr denna medvetenhet när man är långt hemifrån. Fortfarande ser man ibland på sociala medier någon som glatt poserar med en fastkedjad och sönderdrogad tiger eller någon som glatt rider på en elefantrygg. I stadens trängsel utanför nattklubbarna dyker det upp någon med en leguan, en apa eller en pytonorm och man betalar för att få ta en spännande selfie att visa upp för de där hemma. Jag har själv bidragit till detta tidigare, jag kastar sten i glashus. Idag skulle jag inte drömma om att sponsra denna form av turistattraktion.

Glädjande är att det inte bara är jag som blivit medveten, fler och fler väljer att ta avstånd från dessa turistattraktioner. Man vill helt enkelt inte längre ha en bild med den där drogade tigern, som knappt lever. Tyvärr har denna medvetenhet inte nått hela vägen fram till ormshowerna. De kan ha olika namn, men oavsett om det kallas "Snake show", "Cobra show" eller "King cobra show" så är det lika oetiskt som den dansande björnen på gamla tiders cirkusar. Min högst ovetenskapliga tro är att det är lättare att känna empati för den där lilla fastkedjade apan eller tigerungen som folk köar till för att få klappa. Googlar du fenomenet oetisk djurturism hittar du många artiklar om varför du inte ska bidra till att elefanter, tigrar, rovfåglar och apor far illa, men du hittar inte mycket text som tar upp reptilernas förhållanden i turistindustrin.
Man ser samma fenomen hemma i Sverige. Villaägare kan fortfarande utan att skämmas hacka sönder en huggorm eller en snok som besöker tomten, man ser ibland folk som tar bild och visar upp dödade ormar som en trofé på sociala medier.

Samma människor skulle aldrig få för sig att göra detsamma med päls- eller fjäderbärande smådjur som kommer på besök. Naturligtvis är bägge delar helt orimligt, även om vi inte tycker djuren är söta har vi inte rätten att döda.

Åter till ormshowerna som riskerar att utarma naturen i närområdet. Ormar fångas in från den närliggande naturen, djurhållningen är ofta undermålig och direkt livsavkortande för djuren. När det är dags för show tas ormen fram och stressas till att göra utfall för att underhålla en fascinerad publik. Detta upprepas så ofta det kommer ny publik, med bra läge blir det nog show några gånger om dagen.
Ormarna som utsätts för denna behandling och denna djurhållning blir inte så gamla, men det finns ju alltid nya djur att skörda...
De flesta arter som används i dessa shower är rätt livskraftiga, men det spelar ju ingen roll för just de djur som ingår i underhållningen. De djur som turisterna väljer att låta sig underhållas av lever under hög stress i en miljö som oftast inte tar hänsyn till ormens bästa. När dessa djur dör hämtas nya vuxna exemplar i naturen, djur som borde lämnats ifred och som borde ha fått fortsätta fylla sin plats i näringskedjan.
Värre är att varje show värd namnet har med minst en kungskobra som spektakulärt avslutningsnummer. Kungskobran är inte så livskraftig, och lokalt kan det vara väldigt ont om dom. Arten räknas som sårbar, den löper stor risk att dö ut i vilt tillstånd i ett medellångt tidsperspektiv. Med andra ord är det helt orimligt att betala för underhållning vars paradnummer kräver att man plundrar naturen på vuxna kungskobror som borde få leva fritt i naturen och para sig för att bidra till artens fortlevnad.

Foto: Pixabay
Monokelkobra i Thailand. Utöver att djuren far illa är säkerheten ofta undermålig för oss människor. Olyckor händer, även med dödlig utgång. Oftast är det "artisten" som får ett bett.

Foto: Pixabay
Exempel på souvenir du inte ska köpa och som man inte får ta in i Sverige. Djur skördas i naturen för att bli spännande prydnadssak i en bokhylla. Ofta är det inte ens en kobra, det är helt ofarliga snokar som får sätta livet till. Man spänner ut kroppen med ståltråd

eller liknande för att skapa ett kobraliknande utseende och få turister att öppna plånboken. Köp en Singha istället, garanterat godare och du har inte bidragit till utarmning av naturen.

Det är lätt att sätta sig på höga hästar och tycka att vi västerlänningar är upplysta, sådan djurunderhållning har vi minsann inte hemma i Sverige. Det är ju sant, men man ska inte glömma att vi har valet att låta bli. Precis som vi har valet att låta bli att äta orm. Vår ekonomi ger oss valmöjligheter som inte finns i alla länder, i alla fall inte för alla medborgare i fattigare länder eller länder med stora klyftor. Alla har inte dessa valmöjligheter här i livet. Ända in på 1800-talet åt vi snok i Sverige, idag skulle ingen tänka tanken att fånga en snok och servera familjen. Cirkusarna som evighetsturnerade Europa ligger inte så långt bak i tiden.

Avslutningsvis är det även så att innan man kliver upp på den höga hästen ska man fundera på vilka det är som betalar för underhållningen? Är det vi eller thailändarna som går på "King Cobra show"? Lägg semesterkassan på annat, så kan de som jobbar inom turism arbeta med vettigare saker än att behandla ormar illa. Hyr en vildmarksguide! Ett äventyr för livet och en lisa för själen.

9. Ormbett och möte med orm

Det finns omkring 3600 ormarter i världen, ungefär 15 % av dessa har ett giftbett som kan vara farligt för människan. I Thailand finns ungefär 200 arter, varav drygt 30 har ett gift som kan utgöra fara för oss människor.

Hälsorisken vid ormbett beror på många olika faktorer:
*Ormens art och storlek.
*Mängden insprutat gift.
*Antalet bett och var de sitter. Bett i huvudet eller på kroppen är farligast, men oftast sitter betten på armar eller ben.
*Offrets vikt. Små barn löper större risk.
*Offrets allmänna hälsotillstånd och individuella mottaglighet för giftet.
*Allergi för giftet.

Man kan inte vaccinera sig mot ormgifter, men alla bör vara tillräckligt vaccinerade mot stelkramp och difteri. Även om pytonormar och många snokar inte är giftiga kan deras bett framkalla infektioner, bland annat stelkramp.

Vid ormbett:
Råka inte i panik - det är få giftormar som är verkligt farliga för människan och ibland väljer ormen att göra så kallade "torrbett" då gift inte injiceras. Uppsök ändå alltid vård, det går inte alltid att avgöra om det var ett torrbett eller ej. Uppsök även vård om du inte är helt säker på att det var en ofarlig orm som bet dig.
Försök att fotografera eller memorera ormens utseende. Behöver du vård, får du fortare rätt vård om man vet vad du blivit biten av. Skulle fotografering eller memorering inte lyckas är det inte hela världen, med hjälp av blodprov kan vården avgöra vilken typ av gift du fått i dig.
Försök inte döda ormen! Många blir bitna när de försöker döda ormar, eller plockar upp en orm de tror sig ha dödat.

Undvik att röra dig i onödan, så att eventuellt gift inte sprider sig i kroppen.
Tvätta om möjligt bettet snabbt och försiktigt med tvål och rent/kokat vatten. Spott från kobror måste genast tvättas bort från ögon och slemhinnor, varifrån det tas upp i kroppen.

Se till att hålla luftvägarna fria från slem, uppkastningar och blod. Var inte ensam, någon bör ha dig under uppsikt. Ta av åtsittande saker som skor, ringar och klocka kring bettet eftersom området runt bettstället ofta svullnar upp. Lämna bettstället helt ifred. Försök inte suga ut giftet, kyla, värma eller dra åt ett skärp eller liknande runt den ormbitna kroppsdelen. Det kan förvärra förloppet.
Transport till läkare eller sjukhus bör ske omgående. Du måste köras eller bäras, och vid illamående eller kräkningar bör du sitta upp eller läggas i framstupa sidoläge för att hindra eventuella uppkastningar från att komma ned i luftvägar och lungor.
En del ormgifter verkar ganska långsamt (4–20 timmar efter bettet), men skjut inte upp transporten, eftersom även andra omständigheter kan ha betydelse (särskilt hos allergiska personer och hos barn verkar giftet snabbare).
Syrgasbehandling, dropp samt eventuell antichockbehandling är ofta brådskande. Motgiftsbehandling kan vara lämplig och rädda liv, men bör alltid utföras av läkare. Lita aldrig på huskurer, ta inga chanser.

Eskulapstaven, eller Asklepiosstaven, är en symbol för läkekonsten bestående av en stav omslingrad av en eller två ormar. Asklepiosstaven härstammar från grekisk mytologi där den var läkedomsguden Asklepios attribut.

Att inte bli biten

Risken för ormbett är störst i områden med högt gräs, i skog och i stenig terräng. Vissa ormar söker sig även in i stugor och hus. Använd kängor och långbyxor i naturen, håll dig till vägar och stigar, gå helst bara där du säkert ser vad du sätter fötterna i. Skapa vibrationer (stampa) i marken när du går, de flesta ormar undviker människokontakt genom att avlägsna sig långt innan du sett dom. Dra en lång gren eller liknande i området framför dina nästa tre till fem steg, och vänta lite innan du tar nästa steg om du går i lövhögar eller liknande. Vissa arter förlitar sig på sitt kamouflage och ligger blickstilla istället för att avlägsna sig. Arten som på engelska kallas "malayan pit viper" är ökänd för detta. Denna huggorm är rätt liten och har en färgteckning som är perfekt om den inte vill synas bland torra löv och småstenar på marken.

Foto: Rickard Ljunggren
Malayan pit viper, Calloselasma rhodostoma. En giftorm som ofta ligger blickstilla och litar på sitt kamouflage.

Det händer att människor råkar trampa på en malayan pit viper eller komma alldeles för nära. Arten kallas ibland för en giftig landmina.

Var ännu mera försiktig på kvällar och nätter. Många arter är skymnings- eller nattaktiva och du har dessutom minskade möjligheter att se ormar i mörkret. Stanna om du ser en orm, ge ormen chansen att avlägsna sig. Stampa kan hjälpa på vissa arter, andra stannar vid platsen. Avlägsnar inte ormen sig, får du göra det. Gör en u-sväng helt enkelt.
Undvik att sticka ned händerna i hål, mörka håligheter, klippsprickor och annat där du inte ser vad du tar i. Om du ser en "död" orm bör du ta en omväg runt. Många har blivit bitna av "döda" ormar. Har du dina skor utomhus, ta en titt innan du tar på dig dom.
Många havslevande ormar är ytterst giftiga, närma dig inte. En del av dessa bits rätt sällan och kan i övrigt verka lugna. Undvik dessa ändå. Bett är ovanliga, men ett bett får oerhörda konsekvenser.

Ormgifter verkar i princip på tre olika sätt:
Hemotoxiner, det vill säga gifter som spränger (hemolyserar) de röda blodkropparna eller påverkar blodets förmåga att koagulera.
Neurotoxiner, gift som i synnerhet förlamar nervförbindelserna till musklerna, och i värsta fall förlamar svalg- och andningsmusklerna.
Kardiotoxiner, det vill säga gifter som har en direkt skadlig verkan på hjärtat och leder till cirkulationskollaps och chock.

Jag kan inte nog upprepa detta: Det är tyvärr omöjligt att se på ormens utseende om den är giftig eller ej!
Du kommer att få höra påståendet att det är enkelt att avgöra ormens giftighet med hjälp av enkla knep. Tyvärr är vår natur inte så enkel. Oavsett varifrån du hör dessa knep och gamla sanningar, eller vem som påstår det: Det stämmer inte.

Många tror att ormen är giftig om den har ett kraftigt, markerat huvud. Det stämmer på vissa ormar, exempelvis

palmhuggormen och andra asiatiska huggormar. Men det stämmer inte på andra giftormar, kraiterna som både finns på land och i havet i Thailand är extremt giftiga men har inte ett direkt markerat huvud. Det finns även ogiftiga arter som vid hot spänner ut sidorna på huvudet för att skapa ett trekantigt huvud och efterlikna huggormarna.
En gammal myt är att man kan se på ormens pupill om den är giftig eller ej. Rund pupill ska betyda att ormen är ofarlig, vertikal ska betyda att den är giftig. Detta stämmer inte alls. De asiatiska huggormarna har vertikala pupiller, kobrorna har runda. Varje art har en pupill formad efter deras levnadsvanor, det har inget med giftighet att göra.
Färger och mönster kan heller inte avgöra om ormen är giftig eller ej. Det finns både färgglada och väl kamouflerade giftormar. Det finns både färgglada och väl kamouflerade ogiftiga ormar. Dessutom finns det ogiftiga ormar som efterliknar giftormar, eller beter sig likt dessa, för att lura rovdjur som kanske annars gjort sig en måltid av den stackars ormen.
Det enda sättet att se på en orm om den är farlig eller ej är att använda den kunskap man har. Man måste veta vilken art man står och tittar på, eller i alla fall vilket släkte ormen tillhör. Även om du inte kan se exakt vilken kobra du tittar på, vet du ju att samtliga kobror är farliga.

Kort och gott kan man sammanfatta ett säkert sätt att hantera möte med orm så här:
Är du inte helt säker på att du känner igen arten, räkna med att den är giftig.
Gå aldrig fram till ormar om du inte har vana och vet vad du gör.
Ta för givet att människor runt omkring dig saknar kunskapen att säkert artbestämma. De flesta människor är inte experter på inhemska reptiler, varken i Thailand eller i andra länder. Jag har flera gånger rättat djungelguider som häver ur sig en snabb artbestämning som är helt uppåt väggarna. Ibland undrar jag om man skriker ”cobra” eller ”very poisonous” mot bättre vetande för att bjuda turisten på ett äventyr.

10. Tack!

Tack för att du valt att läsa min bok! Hoppas att du finner ormar lika vackra och fascinerande som jag gör!
Njut av naturen i Thailand, men gör det med försiktighet och förstånd. Ofta är det bra att vara två eller flera, ifall något händer. Det behöver inte handla om ett livsfarligt ormbett, en stukad fot kan vara nog så bekymmersam om man är ensam långt ute i skogen. Känner man sig inte helt säker finns det nästan alltid tillgång till lokala guider. Ta bara bilder, lämna bara fotavtryck.
Vi reser gärna till Asien hela familjen och jag har alltid med mig ormkrok på semestern och passar gärna på att leta efter orm i skog och djungel eller på risfälten. Man får se sig för och nattetid använder jag alltid en stark pannlampa. Det är fantastiskt rogivande att ge sig ut i naturen på upptäcktsfärd och ibland leder det till spännande möten, allt från att man står öga mot öga med en fullvuxen varan till att man blir bjuden på grillad råtta av en familj i Kambodja.
Jag har varit intresserad av ormar sedan jag var liten. Där jag är uppvuxen hade vi nära till skogen, det hände att man fångade en snok eller en kopparorm och tog med hem och hade i trädgården en stund innan den fick flytta ut i skogen igen. Man får naturligtvis inte fånga snok eller kopparorm, detta vet jag idag men den kunskapen saknades under uppväxten. Att skaffa orm som husdjur var inte ett valbart alternativ så länge jag bodde hemma, första reptilen blev istället en rödörad vattensköldpadda. Så fort jag flyttat hemifrån skaffade jag mig min första orm, sedan dess har jag antagligen ägt drygt 200 ormar. Idag har jag strax över 30 ormar i källaren, både arter man vågar klappa och arter som har lite gift i sitt bett.
Jag är ofta ute i vår svenska natur och fotograferar huggorm och har tidigare släppt en bok om våra svenska ormar. Boken heter "Möte med orm" och ger även allmänna kunskaper om

hur ormar fungerar, tar upp fenomenet ormrädsla och ger en del tips till de som har problem med ormar som oönskade gäster på tomten.

Tack ännu en gång, hoppas att du får uppleva ett möte med dessa spännande djur!

Foto: Jonathan Hagström
Författaren tillsammans med en indokinesisk spottkobra, Naja siamensis. Bild tagen utanför Hua Hin, i den regionen är arten mörkare än i andra delar av Thailand. Skyddsglasögon på!